DK儿童
季节小百科

[英] 维基·伍德盖特 著/绘

董蓓 译

电子工业出版社
Publishing House of Electronics Industry
北京·BEIJING

目录

DK | Penguin Random House

Original Title: The Magic of Seasons: A Fascinating Guide to Seasons Around the World
Text and Illustration Copyright © Vicky Woodgate, 2021
A Penguin Random House Company

版权贸易合同登记号　图字：01-2022-3496

图书在版编目（CIP）数据

DK儿童季节小百科 ／（英）维基·伍德盖特（Vicky Woodgate）著、绘；
董蓓译. --北京：电子工业出版社，2022.9
ISBN 978-7-121-44017-5

Ⅰ.①D… Ⅱ.①维… ②董… Ⅲ.①季节—少儿读物 Ⅳ.①P193-49

中国版本图书馆CIP数据核字（2022）第131729号

责任编辑：苏 琪
印　　刷：广东金宣发包装科技有限公司
装　　订：广东金宣发包装科技有限公司
出版发行：电子工业出版社
　　　　　北京市海淀区万寿路173信箱　邮编：100036
开　　本：787×1092　1/16　印张：4.5　字数：59.6千字
版　　次：2022年9月第1版
印　　次：2022年9月第1次印刷
定　　价：78.00元

凡所购买电子工业出版社图书有缺损问题，请向购买书店调换。若书店售缺，请与本社发行部联系，联系及邮购电话：（010）88254888，88258888。

质量投诉请发邮件至zlts@phei.com.cn，盗版侵权举报请发邮件至dbqq@phei.com.cn。

本书咨询联系方式：（010）88254161转1882，suq@phei.com.cn。

For the curious
www.dk.com

混合产品
源自负责任的
森林资源的纸张
FSC® C018179

世界上规模最大的打雪仗活动共有7861名玩家参加！

什么是季节？

最佳天气专家

猫是一种非常善于预测天气的动物。下面就由这只叫"咪咪"的小猫来陪伴我们一起探索这个蓝色星球上的季节的奥秘吧！

首先，季节是什么呢？

季节指的是一年里有着不同气候的特定时间段。也就是说，在一年的不同时间里，天气情况及日照的时间长短，都会根据地球绕太阳公转时所处的不同位置而变化。当地球的上半部分（北半球）处于夏天的时候，地球的下半部分（南半球）则会处于冬天。另外，在世界上不同的地方，季节数量也可能各不相同！有些地方一年有四季，有些地方一年有两季，甚至还有少数地方一年只有一季！

那么，就让我们一起看看，到底为什么会产生季节，不同季节会发生什么，以及为什么每个季节都如此美妙神奇吧！

一切如何开始

大约45亿年前，我们的地球还是一颗非常年轻的星球，与此同时，它受到了另一颗名为忒伊亚（Theia）的星球的撞击。之后，忒伊亚的铁质内核与地球融为一体，形成了一个大型熔岩星球。部分科学家认为，我们地球上的水最早来自忒伊亚，而撞击产生的碎片则形成了月球。

如今，地球的内核温度极高——几乎可以媲美太阳表面的温度。

原始地球

近期研究指出，忒伊亚撞击之前，早期地球的形成大约经历了500万年。在这期间，宇宙尘埃聚集到一起，构成了熔岩。虽然500万年对于我们来说非常久远，但是对于星球而言不过是眨眼之间罢了。

大爆炸！

比起地球上6600万年前导致恐龙灭绝的那次陨石撞击，忒伊亚撞击地球的力量大约是它的一亿倍！

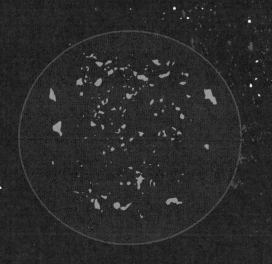

忒伊亚

忒伊亚是一颗绕太阳公转的星球，和火星差不多大小。根据某些理论，忒伊亚是因为被木星和金星的引力牵动，从而最终与我们的原始地球相撞。

咪咪说：

"因为我们当时并不在场（毕竟那是很久很久之前啦），我们也无法百分百确定发生了什么，不过这是目前为止最被广泛接受的说法啦！"

忒伊亚

原始地球

科学家的计算机仿真结果表明，45度角撞击地球的时候，忒伊亚的运行速度约为每小时14323千米。

撞击

忒伊亚和原始地球融为一体，忒伊亚的部分据说包含在了地球的地幔里。

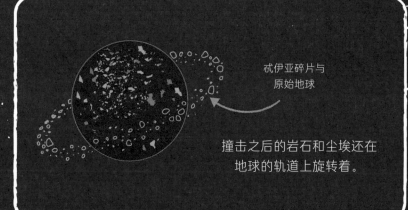

忒伊亚碎片与原始地球

撞击之后的岩石和尘埃还在地球的轨道上旋转着。

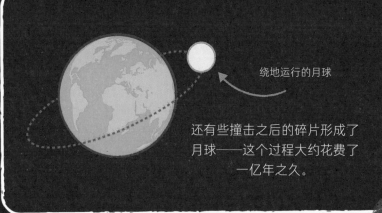

绕地运行的月球

还有些撞击之后的碎片形成了月球——这个过程大约花费了一亿年之久。

7

角度决定一切

地球在绕太阳公转的时候地轴倾角保持不变，这样一来，一年365天中，地球上的每个角落都能或早或晚受到太阳照射，由此产生了季节的变更。

三月

在此期间，地球上所有地方的日照时间几乎都是相同的。

地球每24小时绕地轴自转一周。

地球

六月

在此期间，北半球日照时间最长，南半球的日照时间最短。

九月

在此期间，地球上所有地方的日照时间几乎是一样的。

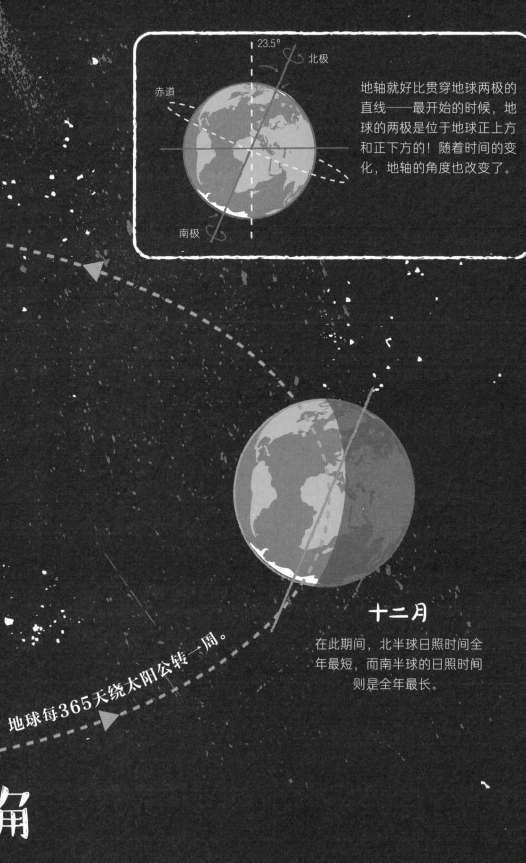

23.5°

北极

赤道

地轴就好比贯穿地球两极的直线——最开始的时候，地球的两极是位于地球正上方和正下方的！随着时间的变化，地轴的角度也改变了。

南极

太阳

地球每365天绕太阳公转一周。

十二月

在此期间，北半球日照时间全年最短，而南半球的日照时间则是全年最长。

倾角

在诞生之初，地球可能遭受了好几次撞击，不过影响最大的还是来自忒伊亚的。忒伊亚的撞击直接导致地球偏离了自己的地轴，形成了23.5度的倾角。所以，我们的星球是在倾斜状态下绕着太阳旋转的。像地球这样因为撞击产生地轴倾角的情况实属罕见，这也成了我们所居住星球的特别之处。

春天

万物伊始，虫鸣鸟叫，花儿绽放，树木萌芽，晴朗的天气让我们暖和了起来，小羊羔也开始在田野里嬉戏啦。耶！

来自鸟儿的"突袭"

每到春天，有些黑背钟鹊会变得暴躁，它们一旦发现任何威胁到它们小宝宝的人或物，都会展开攻击。小心呀！

时钟变化

在许多国家，人们会在春天的时候把时钟往前调一个小时——也就是所谓的夏令时；每到秋天，人们则会把时钟重新调回去。但是赤道附近的国家没有夏令时的概念，因为在这些国家，全年的白天都差不多一样长。

夏天

昼长夜短，假期、沙滩，夏天实在妙不可言！深蓝的天空、明艳的太阳、漫山遍野的鲜花，还有修剪过的草地散发着清新的气息，夏天太适合与亲朋好友相聚啦！不过不要忘了涂防晒霜哦！

长高

巴黎的埃菲尔铁塔每年夏天都会变高！为什么会这样呢？因为埃菲尔铁塔是由金属制成的，所以每到夏天，这些金属都会延展大约15厘米，差不多是一个热狗的长度。到了冬天，它就会再次缩回去了！

夏天在哪里？

1815年4月，位于印度尼西亚的坦博拉火山发生了一次大规模爆发，此次爆发产生的火山灰进入上层大气层，像斗篷一样罩住了地球。之后的一年里，阳光都很难穿透云层照到地面，以至于整整一年里温度都非常低！

来自郁金香的"敲诈"

春天，全世界很多地方都能看到绽放的郁金香。在17世纪的荷兰，郁金香的价格竟然跟它们同等重量的黄金一样呢！

派对时间到

春天非常适合户外活动，不过要记得带上雨衣和雨靴哦！否则遇上猝不及防的春雨就不好啦。在春天，我们可以去寻觅忙碌的小蜜蜂，可以聆听鸟儿的吟唱，还可以种下种子，观察它们的生长。

爬高

在摩洛哥，每到夏天，当地的山羊都会爬到阿甘树上，品尝枝头鲜美的果子。不开玩笑，它们能爬到10米的高度呢！

毛茸茸的云朵

是时候出门啦！散散步，游游泳，骑骑自行车，还可以在树荫下野餐，欣赏空中形态各异的云朵……那朵云是像条龙还是像匹马呢？你都看到了什么样的云呢？

秋天

秋天是个美丽的季节，金色洒满大地。因为即将入冬，空气也变得肃杀清冷起来。在这个时节，不仅自然景观有所改变，我们的生活也在经历着变化——暑假结束了，我们要准备好迎接秋天的趣味啦。

丰收的季节！

许许多多美味的庄稼都成熟了。甜蜜蜜的苹果、黄澄澄的南瓜、沉甸甸的玉米，太好吃啦！有人想吃南瓜饼和苹果酱吗？

开学啦！

在大部分国家，与在中国一样，秋天也是新学年的开始。是时候准备好装满文具的铅笔盒，穿上新鞋子去学校啦！你准备好去见你的小伙伴、认识新朋友了吗？

冬天

冬天是一年里最冷、最暗的季节，昼短夜长。许多动物要么冬眠，要么迁徙去温暖的地方了。树木光秃秃的，小蜜蜂也睡着了。是时候裹好毯子，读本好书了……就比如你现在正在读的这本！

奇妙雪花

1887年，蒙大拿的士兵发现了一片从天而降的巨大雪花，大约38厘米长，20厘米宽，甚至比晚餐盘还要大呢！

超大雪人！

世界上最大的雪人在奥地利，名叫"里耶斯"（Riesi），意思是"巨大的"。这个雪人超过37米高——快要赶上安装底座前的纽约自由女神像啦！

叼起来

"叼苹果"起源于中世纪时期的英国，当时是一项非常浪漫的活动。如果喜欢某个人，那么人们就会试着叼起苹果并送给那个人。太有意思了！

秋叶缤纷

穿上针织衫和靴子去公园散散步，再看一看那些五彩缤纷的叶子吧！在北美洲，这些五颜六色的叶子也被统称为"秋叶"（fall foliage）。

冰冻头发

信不信由你，但是在加拿大，人们会举办一年一度的"冻头发"大赛。参赛选手坐在温泉池中，把头发弄湿，再在头发结冰的过程中给头发塑形。头发的形状越稀奇古怪越好！

鸟儿！

裹好围巾、戴好帽子、套上手套，冬天是绝佳的观鸟季节，因为所有的树都变得光秃秃的了。我们还可以欣赏地上千奇百怪的雪——湿润的、干燥的、泥泞的……

潮湿

越温暖的地方，四季反而越不分明。许多热带地区一年只有两季：雨季和旱季。只有在雨季的时候才会迎来当年的大部分降雨。

气旋，台风，飓风

这3种风到底有什么不同呢？
其实，它们都是热带风暴，但是它们的名字取决于它们形成时所处的地点。
气旋往往产生于南太平洋和印度洋；台风形成于太平洋西北部；而飓风则不会在处于雨季或旱季的地区出现。

咪咪飓风？

1953年，美国开始给飓风命名。这样一来，如果在同一时间有超过一个飓风处于活跃状态的话，它们就不会被混淆了。在给飓风命名时，人们会从一份命名表中按照字母顺序进行。19世纪70年代，甚至还有个飓风的名字是"咪咪"呢！

风向的改变

季风是指风向的改变，这种改变会带来大型风暴。印度依靠风的变化将海洋中的水滴同山上的空气混合，从而产生巨型降雨来滋养干燥的土地。这就是所谓的季风季节。

鱼雨？

没错，这是真的！在洪都拉斯的约罗，每到春末，天上都会下起小小的银鱼。有种理论认为这些鱼是被风从海里卷到天上的，但也有些当地人认为这是上帝的馈赠！

湿嗒嗒

雨天的时候，要记得穿上雨衣、带上雨具，防止淋雨，这样也能保护我们免受蚊虫叮咬，虫子可喜欢雨天了！也要记得保持双手洁净，远离污水。

野火

随着炎热干燥的天气持续时间越来越长，地球上的野火也越来越多。事实上，比起几十年前，部分地方的野火季要多持续约三个半月。

沙漠

尽管热带的很多地区会经历旱季，但这些地区并不是沙漠。沙漠地区既可能非常炎热，也会相当寒冷，但是全年降水不超过25厘米。虽然热带地区在旱季几乎没有降雨，但是在雨季，降雨却能达到250厘米呢！

干巴巴

烈日炎炎，千万要保护好自己呀！多喝水，避免在上午10点到下午4点期间暴晒。正午时分，太阳处于全天最高的位置，记得戴上太阳镜，否则，刺眼的阳光会让眼睛受伤哦。

尘卷风

尘卷风是一种旋风，会在干燥的地表形成快速移动的尘埃漏斗，甚至也会在火星出现，不过火星上的有些尘卷风可以达到8千米高呢！

干燥

在热带地区，一年中，除了雨季，便是旱季了。虽然天气不会变冷，但这的确是那里的冬天！旱季期间，降雨极少，在部分地区甚至会出现旱灾。这种状况可能会持续8个月之久，远远长于雨季。

天文与气象

　　科学家们对不同类型的季节有着不同的分类：天文季节（astronomical season）取决于地球绕太阳公转的四个特定位置，也就是特定日期的二分（the equinox）、二至点（the two solstices）；气象季节（meteorological season）则以每三个月为单位划分，根据温度的不同略有差异。

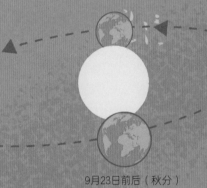

3月21日前后（春分）

12月22日前后（冬至）

6月22日前后（夏至）

9月23日前后（秋分）

星星决定一切

天文季节以二分、二至点为重要划分标志。分点标志着太阳直接经过赤道的时间，这也是昼夜等长的时候。而至点则意味着白昼时间最长或最短的时候。

气象季节

冬天	12月1日~2月28日
春天	3月1日~5月31日
夏天	6月1日~8月31日
秋天	9月1日~11月30日

狮身人面像

引人入胜的猫

神秘的狮身人面像建于几千年前，春分和秋分的时候，太阳会正好落在它的肩上。它可谓是埃及的"巨石阵"了！简直太棒喵！

摇摇晃晃的星球

你知道吗？地球在转动的过程中会摇晃哦！部分晃动是由于冰川冰重量不均匀和板块运动造成的。

海王星 40年/季

天王星 20年/季

土星 7年/季

木星 3年/季

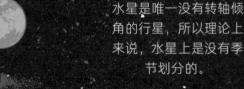

火星 7个月/季

地球 90～93天/季

金星 55～58天/季

水星是唯一没有转轴倾角的行星，所以理论上来说，水星上是没有季节划分的。

水星 无季节

其他行星的季节

我们太阳系的大部分行星上都有着某种形式的季节变化。引起这一情况主要有以下两个因素——转轴倾角和距日远近。

小测试

看看你对季节了解多少吧！

1. 地球绕太阳一周需要多久？

a. 275天

b. 500天

c. 365天

2. 撞击原始地球的星球叫什么名字？

a. 金星

b. 忒伊亚

c. 水星

3. 哪一年是"无夏之年"？

a. 1744

b. 1922

c. 1816

4. 落叶出现在哪个季节？

a. 春天

b. 夏天

c. 秋天

d. 冬天

5. 一年有几个至点？

a. 2个

b. 5个

c. 4个

答案

1.C 2.B 3.C 4.C 5.A

历史、神话、习俗

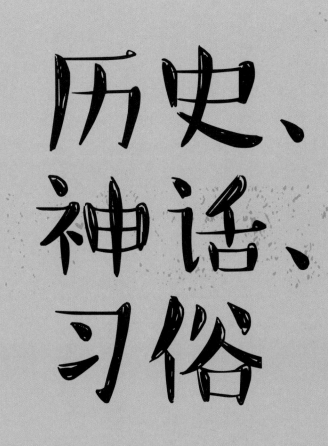

棒喵喵

罗马人真的很喜欢猫。你知道吗？猫是唯一可以进入罗马神庙的动物！

天气现象和大气层的瑰丽景象让人惊叹不已。美妙绝伦的红色夜空，惊心动魄的暴雨闪电，神秘莫测的日食、月食……难怪人类总会对天气和季节痴迷不已。

关于天气的传说、预测和解读世代相传，其中部分习俗和信仰一直延续到了今天。1978年以来，每到春天，在波斯尼亚的泽尼察市，人们会举办炒蛋节来迎接春天的到来，大街小巷都在吃超大锅的鸡蛋！而在日本，每年冬至，人们都要洗柚子浴。不过，柚子虽然好吃，可千万不要在洗澡的时候吃哦！

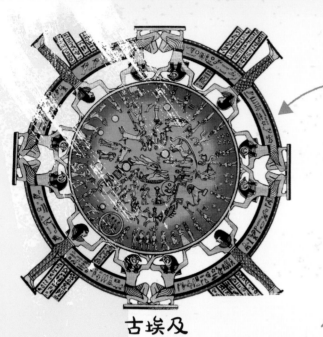

印在莎草纸上的美丽的埃及日历画

古埃及

古埃及日历是依据太阳制定的，一年共有365天，划分成了3个季节，每个季节120天，即每个季节4个月，每个月30天。

消失的月份？

最早的古罗马日历是依照月亮的周期和农作物的种植规律而制定的。在他们的一年里，一共只有10个月，三月开始，十二月结束。

侏罗纪气候？

恐龙生活的世界里，可能也像我们一样有着各种各样的气候和季节！

可爱的花

古时候，东亚的人们会把季节描绘成美丽的植物。兰花代表春天，荷花代表夏天，菊花代表秋天，而梅花则代表冬天。

冻住的泰晤士河

1300至1800年期间，英国经历了一次"小冰期"。那时，伦敦的泰晤士河至少结冰了23次，人们只能在冻住的河上举办冰冻博览会和市集，甚至还有头大象从冰面上横穿而过呢！

奇琴伊察古城

瞭望塔

中美洲的古玛雅人建造了瞭望台来观察分点和至点。他们会通过缝隙捕捉阳光的角度，从而决定种植谷物的最佳时机。

格里高利历

格里高利历是由教皇格里高利十三世于1582年推出的。如今，全世界168个国家、文化和社会都还在沿用这一历法。

维京人

古代北欧历以月亮为依据，且只有两个季节：
黑暗的日子——Skammdegi
（意为"白昼昏黑"，即冬天），
以及无夜的日子——Nottleysa
（意为"长夜渐短"，即夏天）。

历史

纵观历史，人类创造了各种各样的日历来追踪时间。例如，在诸如伊斯兰的许多文化中，人们会基于月相；而在古埃及等文化中，人们则会依据太阳。一直以来，气候或天气变化都会在很大程度上影响我们对于时间的记录。

历史上的天气预报

气象学研究的是对天气的预测。早在公元前350年，著名希腊哲学家亚里士多德就撰写了《气象学》（Meteorology）一书，书里有很多与气候和天气相关的理论。如今，迷人的天气预报也已经成为我们日常生活中的重要组成部分。

气压计

1488年

约翰内斯·利希滕贝格（Johannesburg Lichtenberger）是位德国占星家，他将天气预报和星星联系了起来。

公元前3000年

印度学者开始各执己见，认为雨、云和季节都是由地球围绕太阳公转造成的。

亚里士多德

1653年

气压计是由意大利物理学家伊万格里斯塔·托里切利（Evangelista Torricelli）发明的，不仅可以测量气压，也能预测短期天气变化。

公元80年

中国的王充（公元27-97年）提出，云是由地面上的水形成，再以降雨的形式返回地面，而不仅仅是神奇地从天而降的。

1687年

英国的大天才艾萨克·牛顿爵士（Sir Isaac Newton，他也是爱猫人士哦）利用本身在运动定律方面的研究来了解天气的运作方式。你猜怎么着——猫洞也是他发明的哦！

公元前600年

希腊哲学家泰勒斯（Thales）是首位气象学家，他进行了季节性作物的预测。

公元25年

庞波纽斯·梅拉（Pomponius Mela）是位罗马地理学家，他是第一个绘制并记录地球气候区的人。

1267年

中世纪科学家罗杰·培根（Roger Bacon）又名Dr. Mirabilis——奇异博士，他宣称彩虹在地平线的最大高度角为42度。

飞往月球

每到冬天，鸟儿就会迁徙到月球上，对吗？17世纪的时候，英国牧师查尔斯·莫顿（Charles Morton）就是这么认为的。他还发表了一篇论文，文中指出，当所有的鸟儿在冬天里不见踪影的时候，很显然是都到月球上过冬去啦！

月球

Tiros-1气象卫星

1817年

亚历山大·冯·洪堡（Alexander Von Humboldt）发布了一张显示全球平均气温的地图，这也是首个世界气候研究。

1960年

Tiros-1是美国航空航天局（NASA）首个成功发射到低地球轨道的气象卫星，是由美国无线电公司（Radio Corporation of America/RCA）设计的，仅有大约30只猫那么重！

1922年

路易斯·弗莱·理查德森（Lewis Fry Richardson）提出了一个可以预测天气的数学方案，至今仍在沿用，只不过如今是由计算机完成的。

技术的进步和人类的智慧可以帮助我们更好地预测未来愈发捉摸不定的天气。

1902年

理查德·阿斯曼（Richard Assmann）和莱昂·泰斯朗·德·博尔（Leon Teisserene de Bort）都发现了平流层——地球大气层第二层。

1975年

地球同步运行环境卫星（Geostationary Operational Environmental Satellite/GOES）可以为全世界提供最前沿的天气预报。

1980年

随着技术的进步，天气雷达网也在不断发展。例如，多普勒雷达就被用来计算雨、冰雹和雪的运动流。

1933年

美国飞行员威利·波斯特（Wiley Post）完成了人类首次单人环球飞行。在此次冒险途中，他发现了喷射气流的存在。

GOES-3 卫星

Vinnie Mae

喷射气流

喷射气流是绕地球移动的快速流动气流。

多普勒雷达

神话与传说

神话传说或多或少都基于历史和宗教信仰产生。我们的世界是如何起源的，为什么季节会不断更迭……无数与此奇妙的故事代代流传了下来。比如，一些匈牙利人相信，每年12月21日，神鹿都会用它的鹿角带着太阳过河，从而开启新的一年！

时序女神

在希腊神话中，荷莱（Horae，意为"小时"）是司掌季节时间的女神。有些人认为，她们是赫拉（Hera，女性保护神）的女仆，负责监管一年中的季节更迭。

知恩图报的麻雀

在北美洲，切罗基人的麻雀传说讲述了落叶的由来。那时候所有的树都不愿意接纳一只受伤的小麻雀避寒，从此之后它们都受到了造物主的惩罚，每到一定的时候，就会落叶。只有松树免受惩戒，从不落叶，因为它是当时唯一愿意向小麻雀伸出援手的树。

复活节兔子

最初，异教徒会用兔子和鸡蛋来欢庆春天。到了16世纪，德国人把这些兔子变成了所谓的会下一窝彩蛋的兔子，它会把这些彩蛋送给听话的孩子们。兔子下蛋？这都是谁想出来的？

杰克霜花

每到天寒地冻的时候，就得留意一个名为杰克的精灵哦！你可以在窗户上看到他亲手制作的美丽霜花呢！

来自旁苏托尼镇的菲尔

烛龙

在中国神话里，有一条神奇的烛龙。据说，季节性的风就是由它的呼吸造成的。呼……它呼气的时候是冬天，吸气的时候就是夏天啦。

土拨鼠日

在宾夕法尼亚州，自1887年以来，每年2月2日，"天气专家"土拨鼠都会预测春天的到来。这位名叫菲尔的"专家"从洞中出来，检查是否能看到自己的影子。如果看不到的话，那么春天不久就会来临。如果看得到，也就是说，冬天还要持续6个星期呢！好冷呃……

赏花

在日本，每到春天，美丽的樱花季会持续一至两周的时间。这期间，整个日本都会被笼罩在香气四溢的粉色光晕里。人们会携家带口一起观赏樱花、野餐和嬉戏。

侯丽节

颜色爆炸啦！侯丽节也是印度的春节，人们借此庆祝爱与生命。节日期间，人们走上街头，互相投掷彩色的粉末！

三月节

在保加利亚，每年的三月都会举行"三月奶奶节"。那时，整个街道都变成了"三月花"（红白丝线娃娃）的海洋。人们也会在手腕上绑上丝线和娃娃，以纪念赶走了二月坏天气的三月奶奶。

习俗与节日

　　无论是庆祝春天里的万物伊始，还是燃起篝火迎接夏天的到来，几千年来，人们都热衷于欢庆季节性的节日。这些习俗或令人惊奇，或五彩缤纷，或怪诞美妙，把人们聚集起来，一同感受欢乐与惊喜。

盂兰盆节

盂兰盆节通常在夏天的八月举办，这一传统的佛教节日意在致敬逝者。美不胜收的纸灯笼会照亮和指引亡灵们。

湿嗒嗒

每年四月，泰国都会举办大型泼水节——宋千节，也是泰国新年的传统活动。这简直是玩水的绝佳借口呀！

红帆节

学校放假啦！数百万人齐聚俄罗斯圣彼得堡，一起观赏烟花、享受音乐，以及参加红帆节，以此庆祝夏天午夜的太阳（白昼节的一部分）和学期的结束。哦耶！

夏至

夏至不仅是一年中白昼最长的时候，也标志着夏天的开始。据说，英国的巨石阵曾是古代德鲁伊教庆祝夏至的地点，尽管早在德鲁伊教出现几千年前它就已经在那里了。

巨石阵

亡灵节

"亡灵之日"起源于墨西哥，也被称作"亡灵节"，意在庆祝生命和死亡。每年11月2日，人们都会在色彩斑斓的秋天迎接已故家人的亡灵回家短聚。

月兔

关于中秋节，你肯定耳熟能详嫦娥和月兔的故事！

感恩节

大名鼎鼎的感恩节也是北美洲的丰收节。节日期间，人们会和亲朋好友一起庆祝，大摆筵席，共同享用火鸡、土豆、小红莓以及美味的南瓜派。有时候，装满食物的丰饶之角也会被摆在感恩节的餐桌上。

排灯节

每年的十月或十一月，印度教徒、锡克教徒和耆那教徒都会庆祝为期五天的排灯节。这期间，大街小巷灯火通明，他们还会在家里点燃油灯，以颂扬正义战胜邪恶、光明战胜黑暗。

马里·勒威德

在南威尔士，每到冬天，人们都会挨家挨户传递一种用铃铛和丝带装饰的马头骨——马里，同时，还会向马里到达的家庭吟唱威尔士语歌谣和旋律。马里的"到访"意味着好运气哦！

爆炸的雪人

在瑞士，人们每年都会点燃名为"博格"（Böögg）的雪人，雪人被填满了稻草和炸药！点燃之后，它的脑袋爆炸得越快，那么那一年的春天就会来得越早。嘭！

太阳节

直至今日，南美洲安第斯山脉的原住民仍在庆祝这一节日，他们会穿上五颜六色的服装，一起享用美味的食物，这也标志着冬至和印加新年的到来。

古代印加节日

冬至

除了会庆祝一年中最短的一天之外，世界各地的人们还会庆祝一年中最长的一夜，也就是冬至。在中国，人们欢度冬至来迎接"阳"（与"阴"相对）的到来，因为冬至也意味着阳气初动，是"阳"的新生。这一天，人们还会吃饺子或者汤圆。

冬至的汤圆

圣露西亚节

每年的12月13日，斯堪的纳维亚的少女们会穿上白色长袍，戴上红色饰带和蜡烛花冠，以求照亮深冬的黑暗。危险动作，切勿模仿！

狼月

据说，这个名字起源于北美早期土著部落，因为每年的这个时候，他们都会看到四处徘徊、嚎叫的饥饿狼群。

月亮的名字

每轮满月都有着非常酷炫的绰号，许多绰号都是来自美洲本土文化，并且都建立在一月到十二月不同季节的基础上。以下是一些当下比较常见的满月别称：

北半球				南半球			
1	狼月	7	雄鹿月	1	雄鹿月	7	狼月
2	雪月	8	鲟鱼月	2	鲟鱼月	8	雪月
3	蠕虫月	9	谷物月	3	收获月	9	蠕虫月
4	粉红月	10	收获月	4	狩猎月	10	粉红月
5	花卉月	11	河狸月	5	河狸月	11	河狸月
6	草莓月	12	寒月	6	寒月	12	草莓月

农民们的星星

从前，农民会根据星星的不同形态预测即将到来的季节变化，这样他们就能知道如何安排农作物的种植和采收了。好聪明呀！

织女星

天津四

牛郎星

长蛇座

这是夜空中最大的星座，以海蛇命名，在南半球的冬季最容易观测到。

夏季大三角

夏季大三角由三颗特别明亮的星星组成，可以在北半球的夏天观测到，只要往东看就能看到啦！

参宿四

天蝎座

以蝎子命名的星座，快看它的尾巴！我们可以在南半球的夏天观测到它。

猎户座

猎户座以猎人命名，是天空中最容易辨认的星座之一——在北半球的冬季最容易观测到闪闪亮亮的猎户座哦！

猎户座腰带

月亮与星星

你知道吗？夜空也会随着季节而改变哦！随着地球围绕太阳公转，我们也能看到空中各种各样的星星图案，其中很多都是用希腊神话的人物命名的。这也是个追踪时间和季节变化的绝妙方法——只要抬头看看就可以啦！

★星座图非等比例绘制

季节与我们

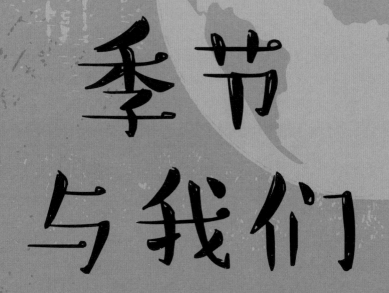

西瓜顶呱呱

咪咪超爱西瓜这种季节性的水果。西瓜92%的成分是水，既好吃，又清爽！

显而易见，季节和我们的日常生活息息相关。比如，我们的衣着。天冷了吗？那么就该戴上帽子、围巾和手套啦！天热了吗？那么就该戴上太阳镜、穿上短袖和人字拖啦！甚至连我们的饮食也取决于当下是一年里的什么时节。此外，我们的住宅也需要适应季节的差异。

　　随着全球气温变暖，季节也在改变。气温的轻微变化不仅会导致春天的提早到来，也会推迟冬日的初霜。季节交替标志着时间的流逝，同时，也能给我们带来无尽的喜悦。无论是炎热还是寒冷，潮湿还是干燥，抑或是光明还是黑暗，我们总能发现很多大自然的惊喜。

约翰·道尔顿 (1766-1844)

英国现存最早的天气记录来自约翰·道尔顿（John Dalton），57年间，他都使用自制的工具记录天气。

伐罗诃密希罗 (505-587)

在6世纪，印度占星家和天文学家伐罗诃密希罗（Varahamihiva）撰写了许多文章，涵盖了丰富的主题，包括季节、云的形成、降雨、农业和数学等。真是个天才！

尤妮斯·富特 (1819-1888)

美国的尤妮斯·富特（Eunice Foote）不仅是科学家，也时常活跃在女权运动中，同时，也是第一个发现阳光对温室气体影响的人。

琼·培根·贝西 (1928-2019)

美国天气专家琼·培根·贝西（June Bacon-Bercey）是首位获得气象学学位的非裔美国女性。

詹姆斯·爱德华·汉森 (1941)

美国的詹姆斯·爱德华·汉森（James Edward Hanson）教授早在1988年就开始呼吁关注气候变化和全球变暖了！

天气的先驱

气象学研究可以追溯到几千年前，许许多多聪明绝顶的人开始尝试探索预测天气的方法以及天气产生的原因！下面的几只猫就代表了其中的几位先驱，他们为气象学这门迷人的学科奉献了一生。

气球上的冒险

在近代历史上，人们会利用气球来收集气象学信息，例如测量大气压和风速。19世纪60年代，英国气象学家詹姆斯·格莱舍（James Glaisher）就曾多次搭乘热气球飞行，最高达到9千米高——甚至比珠穆朗玛峰还要高！

罗伯特·菲茨罗伊上将（1805-1865）

罗伯特·菲茨罗伊上将（Admiral Robert Fitzroy）不仅正确预测了日常天气，还提出了weather forecast，即"天气预报"这一术语。1854年，他在英国创建了气象局，同时他也是"小猎犬"号的船长——这艘船因其乘客查尔斯·达尔文（Charles Darwin）所著《小猎犬号航海记》而闻名于世！

安德斯·摄尔修斯（1707-1744）

安德斯·摄尔修斯（Anders Celsius）是位瑞典天文学家，因发明了天气温标而闻名，从此，天气温标单位也以他命名——摄氏度（Celsius）！

有时候，我们可以在北边的天空看到梦幻灯光秀……

极光

极光实际上是由来自太阳风的电子，即亚原子粒子引起的。它们被磁场吸引到两极，再与大气中的气体混合，导致气体发出绿色、红色、蓝色和紫色的光芒！

幽灵苹果

一旦雨水落在苹果上然后结成冰，我们就会看到这种诡异的景象。冰里的水果腐烂之后，会从枝头掉落，只留下水果形状的冰块，像幽灵一样。好酷！

宜人　中纬度四季

★ 死亡谷

热到沸腾

世界上最热的地方是加利福尼亚州的死亡谷。1913年7月，那里的气温高达56.7摄氏度！

炎热　热带
两季

赤道

极度干燥

世界上最干燥的地方是阿塔卡马沙漠（Atacama Desert），它横跨智利北部和秘鲁南部。

厄尔尼诺

每隔两到五年，一种叫作厄尔尼诺现象（El Nino）的气候模式就会影响世界各地的天气。具体来说，这期间，太平洋海水表面温度持续升高，从而给某些地方带来洪涝，而在另一些地方则引发旱灾。

★
阿塔卡马沙漠

宜人　中纬度四季

厄尔尼诺

世界各地的
季节

寒冷　北极两季

燎原之火

随着全球气候变暖，世界各地出现了越来越多不受控制的野火，有些甚至在北极圈出现。

"鹦鹉螺"号

1958年，"阳光行动"（Operation Sunshine）将"鹦鹉螺"号（HMS Nautilus）送上了前往北极的艰险之旅。当"鹦鹉螺"号潜艇经过北极的时候，船员们发现，北极并没有陆地，只有无尽的冰层！

蜘蛛雨

在迁徙的过程中，刚"成年"的小蜘蛛一跃而起，把它们的蛛丝织成降落伞，从而借此飞行，这种行为被称作"气球飞行"（ballooning）。蜘蛛侠之力！

湿漉漉

世界上最潮湿的地方在印度的毛辛拉姆。当地的年均降水量曾达到11871毫米，比两只长颈鹿还要高！

★ 毛辛拉姆

北半球

赤道

厄尔尼诺

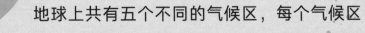

地球上共有五个不同的气候区，每个气候区都有着各自的季节性天气变化。北极和南极共有两季——冬季和夏季；中纬度地区则有着传统意义上的四季；而在地球中部、赤道附近的热带地区仅有两个季节——雨季和旱季。

冷飕飕

位于南极洲的东方站（Vostok Research Station）是由苏联建造的。该研究站的记录显示，1983年7月，当地温度低至零下89.2摄氏度。

★ 东方站

37

季节性食物

大多数水果和蔬菜的生长时期和分布地区各不相同。季节性食物都无比新鲜且充满风味——六月的甜美草莓、十月的鲜香南瓜，还有十二月的爽口柑橘。这样看来，季节的更替也有助于提醒我们保持饮食的多样化。

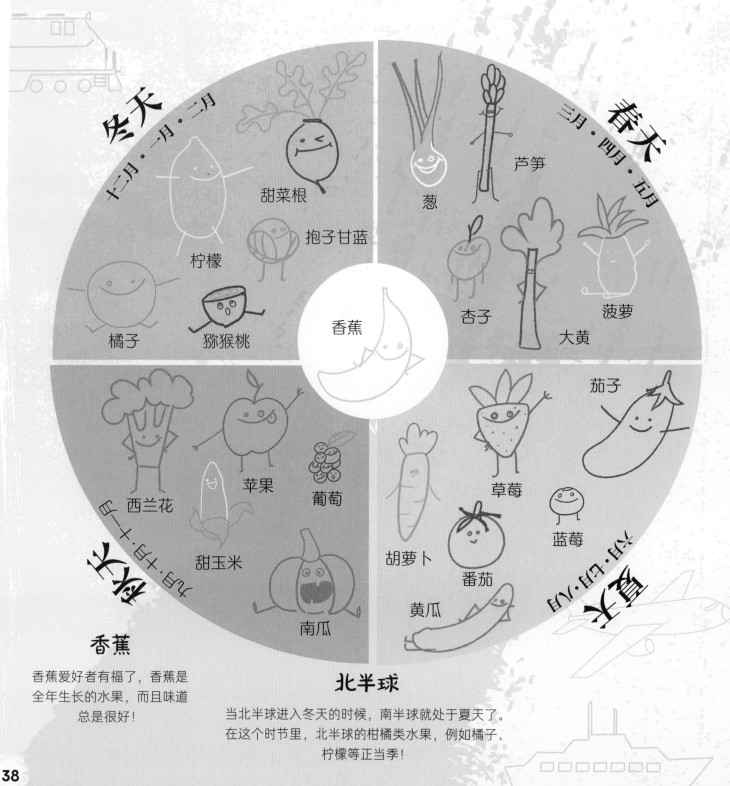

冬天 十二月·一月·二月

甜菜根
抱子甘蓝
柠檬
橘子
猕猴桃

春天 三月·四月·五月

葱
芦笋
杏子
大黄
菠萝

香蕉

秋天 九月·十月·十一月

西兰花
苹果
葡萄
甜玉米
南瓜

夏天 六月·七月·八月

茄子
草莓
蓝莓
胡萝卜
番茄
黄瓜

香蕉

香蕉爱好者有福了，香蕉是全年生长的水果，而且味道总是很好！

北半球

当北半球进入冬天的时候，南半球就处于夏天了。在这个时节里，北半球的柑橘类水果，例如橘子、柠檬等正当季！

38

本地与进口

尽管我们可以在本地超市买到几乎任何来自世界各地的食物，但由于进口食物要漂洋过海才能到达我们的餐桌，如果我们优先选择本地原产食物的话，就可能减少了运输污染等，更有助于保护环境！ 让我们多尝尝本地的农产品吧！

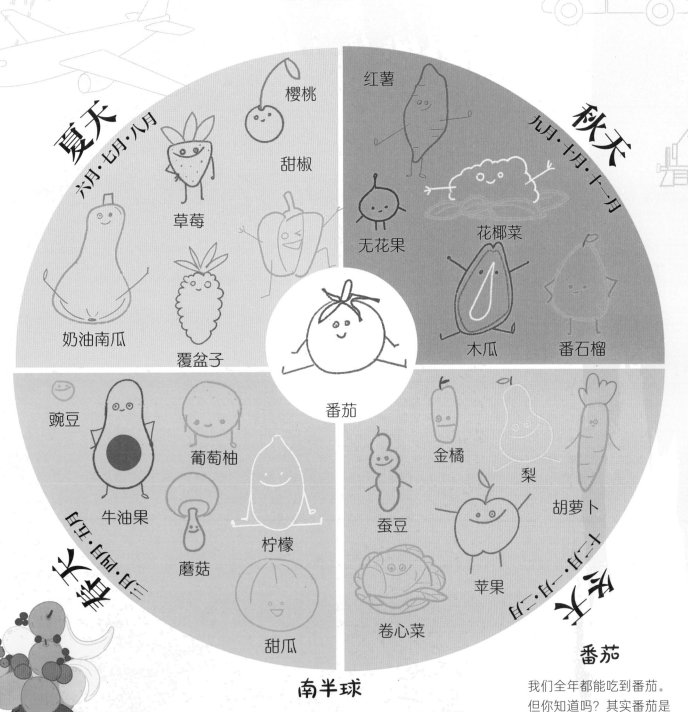

夏天
六月·七月·八月

樱桃

甜椒

草莓

奶油南瓜

覆盆子

秋天
九月·十月·十一月

红薯

无花果

花椰菜

木瓜

番石榴

番茄

豌豆

牛油果

葡萄柚

蘑菇

柠檬

甜瓜

春天
三月·四月·五月

金橘

梨

胡萝卜

蚕豆

苹果

卷心菜

冬天
十二月·一月·二月

南半球

在南半球进入秋季的时候，木瓜、番石榴这类热带水果正当季。而在同一时间的北半球，正是享用南瓜、胡萝卜等根茎类蔬菜的好时节。

番茄

我们全年都能吃到番茄。但你知道吗？其实番茄是水果，而不是蔬菜！

39

月球

越来越暖的极点

极地冰层有助于调节地球气候，例如，白色的冰层可以将更多的太阳能量反射回太空。但是随着冰层的减少，地球正在吸收越来越多的太阳辐射，从而加剧了全球变暖的进程。

越来越宽的热带？

位于地球中部的气候区——热带地区，正在以每10年约48千米的速度扩张，也就是说，全球越来越多地方的季节会愈发不分明，就像热带一样，一年只有雨季和旱季。

难以预测的天气

虽然在我们现有的季节中，不可预测的天气一直存在，但是随着气候的变化，极端天气现象越来越多。我们别无选择，只能适应并准备好迎接这些新的气候挑战，例如，热浪、洪水、猛烈的野火、强劲的飓风、湿冷的冬天等。

变化中的季节

夏天越来越长，冬天越来越短。有些人可能觉得听起来很棒，但对于生态系统而言可并不是好事。我们的生态系统有着非常精妙的平衡，这些季节变化会影响到许多生命周期事件，例如，花开的时间、蝴蝶和蜜蜂出现的时间等。为什么这一现象会让人感到担忧？那是因为自然界的物种之所以能够茁壮生长，正是靠着生命周期事件的相互依赖。

气候变化

人类活动正在给全球气候带来迅猛的变化。通过减少排放污染气体和颗粒、使用可再生能源、减少废物丢弃，我们可以未雨绸缪，做好应对未来种种变化的准备。只要我们所有的地球人齐心协力保护环境，那么一切就不算太晚。

我们美丽的地球

大自然里的季节

春季的狂热

你有没有注意过，猫咪们在春天会有些疯狂呢？这是因为它们的感官被各种新鲜的气味搞得晕头转向啦！

和我们一样，动植物的行为也会随着季节而改变，但对它们而言，这些改变可能是事关生死的。一旦它们自然而然地感受到季节的变化，它们的基因就会帮助它们适应当前的环境，也就是说，它们或是遵循族群流传下来的行为模式；或是迁徙到新的牧场寻找食物和水源；或是去往世代繁衍的地方繁殖。为此，它们可以旅行几百、甚至几千千米。

有些生物与地球关系十分紧密，紧密到能够探测到地球的磁场。磁场是一种与两极相连的无形力量，环绕着地球，像盾牌一样保护地球免受太空有害粒子的伤害。某些生物，例如鸟类或鲸类，把磁场当作罗盘为自己导航；而狐狸则会利用磁场来锁定猎物的位置！

　　植物会"追踪"气温、"测量"日照时间，从而确定自身所处的季节，这样一来，它们就可以为未来做好准备了。太神奇了！

大自然里的春天

春天是大自然最繁忙、最令人兴奋的季节。树叶萌生，花朵绽放，许许多多的小动物宝宝们也在春天呱呱坠地。虫子从冬季的沉睡中醒来，四处飞舞，而天空中则到处盘旋着过冬归来的鸟儿。

一片新叶

冬天落光了叶子的树木也在春天萌出新芽。树叶吸收阳光、空气和水，从而为树木的生长提供养分。这一过程也被称为"光合作用"。

动物宝宝

许多动物的小宝宝们都在春天出生，因为在这个季节，食物丰沛，天光更长，天气也变得愈发暖和了——多么可爱的季节呀！

兔子开心的时候会扭动着跳起来，这也叫作"兔子舞"。

兔子

虽然兔子一年四季都在繁殖，但它们在春天的繁殖能力特别强——简直是兔子宝宝的盛会呀！

小鹿

兔子

家燕在春天长途迁徙归来。

甜蜜蜜

春天里，樱桃、桃子以及梅子之类的核果树都会绽放出甜美的花朵。在北美洲，当地标志性的北美红雀特别爱吃这些花。

北美红雀

叽叽喳喳合唱团

鸟儿在春天也更爱唱歌，尤其是在破晓和黄昏的时候，它们通过这种方式来求偶。

柳莺

朋友你好

小羊宝宝，也叫小羊羔，通常在春天出生。你知道吗？绵羊可以认出50只其他绵羊的脸哦！

羊羔

大自然里的夏天

随着气温逐渐变暖，白昼时间逐渐变长，小动物茁壮成长，小鸟宝宝也开始离开自己的巢穴。枝头的树叶变得郁郁葱葱，小虫子也越来越多了，这也为鸟儿、哺乳动物、爬行动物和鱼类提供了丰富的食物。

嗡嗡嗡

到了夏天，蜜蜂之类的传粉动物的数量会达到最多。漫长的白昼为它们提供了足够的时间来采集花蜜。每只蜜蜂终其一生只能产出一茶匙的蜂蜜，好好珍惜涂在烤面包上的蜂蜜吧！

黑斑红小灰蝶

绽放

夏日的艳阳催生了花朵的绽放，放眼望去，五彩缤纷，美丽无边。同时，这也为昆虫、哺乳动物和爬行动物提供了大量的食物。

蜜蜂

帝王蝴蝶

迷你动物

昆虫超级喜欢夏天。作为冷血动物，它们在夏日的热浪中茁壮成长，活跃无比。

蜜蜂有五只眼睛。

"蜓蜓"玉立

蜻蜓栖息的时候，腹部呈90度角，以躲避阳光的照射。

胡蜂

水獭

午夜的太阳

在加拿大、格陵兰岛、阿拉斯加、冰岛、俄罗斯以及斯堪的纳维亚半岛等北部地区，夏日的阳光在午夜依然闪耀。这也有助于当地的野生动物四处觅食、健康成长和繁衍生息。

大理石条纹粉蝶

保持凉爽

有些动物通过出汗保持凉爽。兔子其实是通过嘴唇出汗的，而猫则是通过爪子排汗。当动物气喘吁吁的时候，它们呼出的气体通常是热的，而吸入的则通常是凉气。

熊的最爱

到了夏天，熊类特别爱吃浆果和苹果。冬季出生的小熊也在夏天变得更加强壮、更爱玩耍了。它们会和熊妈妈生活在一起，直到3岁左右。

棕熊

阳光爱好者

蜥蜴遍布全球各地，除了南极，那里实在是太冷了！它们是冷血动物，所以非常喜欢夏日里温暖的晴天。

欧洲绿蜥蜴

鹿角

秋天，雄鹿的鹿角强壮而锋利，这时，覆盖鹿角的绒毛已经脱落，它们已经准备好进行为争夺配偶而战斗了！战斗之后，它们的鹿角就会脱落，再在来年的春天重新长出来，周而复始。随着睾丸激素的激增，新的鹿角萌生之后会被柔软的绒毛再次覆盖。

蜘蛛的时节

秋天也是蜘蛛交配的季节，我们可以看到四处求偶的雄性蜘蛛。

红鹿

雄鹿发情期

到了发情期，为宣誓在鹿群的统治权，雄鹿会用鹿角进行斗殴，在对手面前大展身手，与此同时，它们也不忘打量自己的对手。场面颇为壮观！

大自然里的秋天

在五彩缤纷的秋天里，白昼变短，夜晚变冷，万物都开始为即将到来的冬天做准备。寒冬来临之前，趁着秋天这个坚果和浆果丰收的季节，鸟类、哺乳动物和昆虫等都开始大快朵颐，贴起了秋膘。而对于不迁徙的动物来说，这也是开始储存食物的关键时刻。

五颜六色的叶子

秋天，树木落叶之后就会停止光合作用。有助于光合作用的绿色色素叶绿素消退并被叶子里的其他化学物质代替，比如黄色的黄酮、红色的花青素，还有橘色的类胡萝卜素。这些化学物质能在寒冷的天气里保护树叶，让它们晚一点儿凋落。

爱藏东西的小松鼠

是时候把坚果藏起来啦！生活在树上的小松鼠特别擅长四处贮藏食物，甚至会把食物分散在好几百个地方。但是它们记性不好，所以这些被藏起来并且遗忘的坚果经常自己就悄悄发芽啦。

灰松鼠

绝妙的菌菇

菌菇以枯叶和腐烂的物质为食，可以说是树木的回收大师了。

霍氏粉褶菌

鹊拟鬼伞

毒蝇鹅膏菌

椋鸟群

每到黄昏时分，成群结队的椋鸟就会聚集在一起。据说，它们通过这种集群俯冲、旋转、变换阵形的方式在夜晚栖息之前抵御捕食者的攻击。

松果也在秋天掉落。

四季常青

常绿乔木其实也会落叶，只是与落叶乔木的凋落时间不同罢了。松树之类的常青树会通过保持低营养消耗状态来实现全年常绿的状态。

针鼹

爱的小火车

在澳大利亚，每到冬天，一种叫作"针鼹"的带刺食蚁兽就会开始求偶。雄性针鼹列队排在雌性身后，形影不离，坚持到最后的那只雄性才会获得芳心！

北极兔

北极兔在冬天才会变成白色！

大自然里的冬天

冬季不仅寒冷刺骨、阴暗潮湿，而且有时候还会下雪。许多植物都会进入休眠状态，还有些生物则会沉睡一整个冬天。醒着的哺乳动物会长出厚厚的皮毛，而鸟儿则会"穿"上暖和的羽毛大衣。有些动物甚至会改变自己的颜色，从而更好地与冬天里的周遭环境融为一体。

猛扑

狐狸敏锐的听力甚至能让它们感知到啮齿动物小爪子行动的沙沙声，然后，它们会利用地球的磁场来锁定猎物的准确位置，再猛地扑倒！

赤狐

雪地里的跳虫？

跳虫能迅速地跳跃，它们是用尾巴而不是用腿来跳跃。这些小虫子其实并不是跳蚤，它们以细菌为食，主要在雪地上活动。大家一起跳起来！

地下恐惧

鼩鼱的大脑、头骨和肝脏在冬天会萎缩！它们先用毒液麻痹猎物，再将猎物活体储存在它们的冬季储藏室中……天呐！

收集癖患者

可爱的花栗鼠每隔几天就会醒来吃东西，所以它们需要备好大量的零食。有些甚至可以在一个冬天储存超过 6 万种食物！

食物贮藏处

鼩鼱

花栗鼠

食物贮藏处

雨季

全年大部分的降雨都集中在雨季。在此期间，动物们可以获得大量的食物和水，花草树木能够茁壮成长，而水资源也会得到补给。

非洲大象

大象

大象成群游荡，从不停下觅食的脚步。它们能吃掉大量的树根、草、树皮和水果，也会用长长的鼻子吸水。

旱季

每当天气开始变得干燥起来，许多哺乳动物和鸟类都会迁徙到别的地方去寻找水源和食物。这是一年中的艰难时期，会持续好几个月。

长颈鹿

斑马

"塑料"友谊

通常情况下，为了安全起见，不同种类的食草动物会在一起生活。但是到了旱季，由于食物资源比较短缺，它们只会和自己的族群待在一起。

稀树草原有着自身独特的雨季和旱季。

水坑

地下水渗到地表的地方，形成水坑，每到雨季都会蓄满了水。

汗血宝"马"

河马流的汗是红色的哦！它们会产生红色和橘色的色素：红色色素可以起到抗菌作用，而橘色色素能够保护它们免受紫外线的侵扰。绝对是河马牌防晒霜呀！

河马

飞过去！

鸟儿是幸运的，因为它们可以通过飞行去寻找水源。有时候，鸟儿会成群结队地聚集在水坑旁。猛禽则通常会以在干燥恶劣的天气里死亡的动物为食。

茶色雕

越咆哮，越成功

狮子能很好地适应旱季。每到旱季，它们以动物的尸体为食，并捕捉聚集在有限水源附近的猎物。

在旱季，水坑是许多物种的唯一水源。

狮子

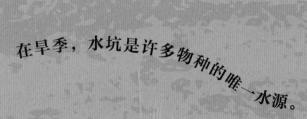

最艰难的迁徙

从盛夏到严冬，驯鹿不仅要在北极圈的崎岖地形上跋涉数百千米，而且还面临着被狼群吃掉的危险！

驯鹿

最酷炫的迁徙

每到秋末，近10万条红边束带蛇会滑行32千米，迁徙到加拿大曼尼托巴省的巨大巢穴中一起冬眠。

蓝松鸡

红边束带蛇

距离最短的迁徙

北美洲的蓝松鸡栖息在松树林的顶端。每到春天，为了觅食，它们会往下迁移大约300米的距离。

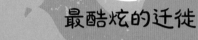

玉米蚜

帝王蝶

最美丽的迁徙

这些充满活力的小蝴蝶简直是飞行奇迹了，在冬天，几百万只帝王蝴蝶会向南飞行4828千米抵达墨西哥繁殖。

体型最小动物的迁徙

夏季的时候，玉米蚜会向北迁徙，到达北美洲的部分地区，去寻找——你猜对啦——玉米！

棘刺龙虾

最奇怪的迁徙

每年夏天，为躲避巴哈马的暴风雨，棘刺龙虾会像跳康加舞一样排成一排，迁徙去往更深、更平静的水域。

迁徙

春天的时候，受到原始冲动的驱使，为了获得新鲜的食物和水，许多动物开始往回迁徙到繁殖地。这样的旅程里，有很多都是漫长的、史诗般、危险的。等到秋天来临，它们就又该迁徙去冬天的家园了。

迁徙之王

北极燕鸥

最爱生气的动物的迁徙

每隔几年，每当种群数量过多的时候，这种生活在斯堪的纳维亚半岛的啮齿动物就会成群迁徙。传说如果它们生气了，它们就会爆炸——幸好这只是个传说！

灰鲸

神奇的鲸

最新研究表明，鲸迁徙去往温暖水域的原因之一是为了蜕皮，从而保持皮肤的健康！为了疗养皮肤，这一趟可真远呐！

旅鼠

稻草色果蝠

髯猪

胡子最多的动物的迁徙

在婆罗洲，成千上万的髯猪每年都会迁徙一次。我们也无从得知它们迁徙的原因，但它们自己肯定知道！它们也是世界上唯一会迁徙的猪。

规模最大的迁徙

一千万只果蝠会从刚果迁徙到赞比亚享用水果！这也是地球上最大规模的哺乳动物迁徙。

猫不会迁徙，它们忙着睡觉呢……

圣诞岛

最壮观的迁徙

在圣诞岛，每到雨季，鲜艳的红黄道蟹会从森林迁徙到海里。它们浩浩荡荡，成群结队，多达4~5千万只，好不壮观！

红黄道蟹

距离最长的迁徙

毫无疑问，这种小小的黑头海鸟是名副其实的迁徙之王，它们每年都会从地球的顶端迁徙到地球的底端。北极燕鸥的平均寿命是34年，因此，它们的飞行里程几乎等同于从地球到月球3个来回的距离哦！

北极燕鸥

绯红金刚鹦鹉

光的争夺

热带雨林地区的天气炎热潮湿，因此对阳光的竞争也异常激烈，有些矮小的植物甚至需要寄生在高大的植物上，从而获得更多阳光。

天行长臂猿

2017年，一群热衷于《星球大战》（Star War）的科学家在中国的热带地区发现了天行长臂猿。"天行"意味着"在天上行走"，它们喜欢在树间优雅地晃来晃去。

天行长臂猿

虎猫

热带

在热带的某些地区，一年只有一季，白日温暖，且阴晴不定。尽管热带地区只占了地球总面积的不到2%，但是几乎50%的陆生动物都生活在那里！

树蛙

极地

南北极只有两个季节，即夏季和冬季。夏天的时候，极地会有极昼；而到了冬天，则会有极夜。.

极光

漂泊信天翁

南极蠓

冰冻的虫？

南极蠓是种没有翅膀的小虫子，它们生活在南极洲，也是当地唯一的本土陆地动物。南极蠓在一年中的九个月都处于冰冻状态——它们的血液里有种天然的抗冻剂，可以帮助它们保持活力。

阿德利企鹅

南极虾

南极发草

南极

广袤的南极洲位于地球的底端，是企鹅和海鸟的栖息地。它比北极的气温更低，同时也是许多海洋哺乳动物、鱼类和鸟类重要的繁殖地。

北极熊

北极熊体型庞大，重约450公斤——大约有100只猫那么重！它们生活在冰层上，四处漫游，捕食海豹。在冬天，它们则会把自己藏在舒服的窝里。

北极熊

北极狐

独角鲸

海葵

北极

北极是位于地球顶端的一块巨大冰层，它被北极圈众多国家和地区环绕——俄罗斯、格陵兰岛和阿拉斯加。在那儿，我们能够看到许多神奇的生物，比如独角鲸、北极熊和北极狐！

凤尾鱼的尾巴

凤尾鱼通常成群结队地活动。每到春天，它们会浮到水面上释放卵子和精子，卵子会漂浮在水面上，直到成功受精为止。

凤尾鱼

弓头鲸

弓头鲸

2019年可能是弓头鲸有史以来第一次没有从北极冰冷的海水中迁徙离开的时候，那一年，由于气温升高、食物资源充足，它们完全不需要离开北极。

产卵的鱼

鱼类对日光和白昼长短的变化非常敏感。每当春天来临，光线也会更加充足，对于有些鱼类来说，这也是产卵期开始的信号——冬天过后，卵子在温暖的水中的发育速度会更快，所以这是产卵的完美时期。

肉卷

石鳖是一种软体动物，长得像个会行走的肉卷一样，并且有着一口金属牙齿！虽然看起来像个移动的肉卷，但它们牙齿的成分可是自然界最坚硬的材料之一——磁铁矿！

石鳖

海洋里的季节

就像我们对天气的反应一样，海洋生物也会对洋流做出不同的反应，洋流于它们而言，就好比陆地上的天气。阳光的多少会引发特定的反应，阳光越多，水温越高——适宜繁殖。

宽吻海豚

棱皮龟

棱皮龟是世界上最大的海龟，几乎有两只灰熊那么重！它们有时候会迁徙超过16000千米去觅食和筑巢。

海豚宝宝

大多数海豚宝宝都在早春出生，它们会和自己的妈妈一起生活5~10年，就好比我们人类的青春期一样！

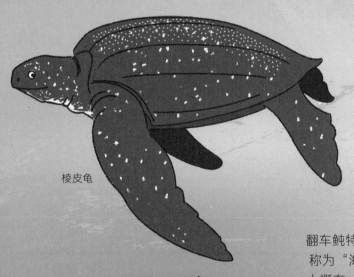

棱皮龟

翻车鲀

翻车鲀

翻车鲀特别喜欢晒太阳，以至于它们也被称为"海洋太阳鱼"！这种鱼体型巨大，大概有一辆车那么重，它们一生中有一半的时间都漂浮在夏日的海面上。

快快长大！

被称为"浮游植物"的微小植物需要靠阳光和养分生长。冬天，强劲的洋流将更深处海底的养分带走。而到了春天，更多的光线进入海水，使得浮游植物能够更快地成长，也为以它们为食的其他物种提供了食物。

心灵、身体、灵魂

灵、体、魂

有静电喵

暴风雨来临之前，猫的毛发会产生静电。所以，如果你发现自家猫咪疯狂整理毛发的话，那么就得赶紧收衣服啦！

无论我们身在何处，季节的变化不仅会影响到我们的周遭环境，还会让我们的身心状态发生改变。花些时间享受不同的季节有助于保持心情愉快。如果我们跟亲朋好友一起参与一些有趣的季节性活动，还能增进彼此的感情哦！

　　户外堆雪人或者堆沙堡都能让人感到心满意足。所以，当大自然里的季节更迭的时候，就去看看呱呱坠地的小动物、美丽绽放的花朵和五彩缤纷的树叶吧！享受并拥抱每个季节，就会发现其中的乐趣。

地球在夏天的时候离太阳
更近。

假

实际上，冬天的时候，地球的北半球才是
离太阳最近的。

猴子会打雪仗。

真

日本猕猴又名雪猴，很喜欢在雪地里嬉戏。越小的
猴子越爱玩，甚至会向彼此丢雪球！

世界各地都有四季。

假

世界上的很多地方一年只有两季——雨季和旱季，
而极地地区则只有冬季和夏季。

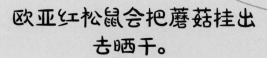

欧亚红松鼠会把蘑菇挂出
去晒干。

真

是真的！这些毛乎乎的贮藏专家会把蘑菇放在太阳
下晒干。晒干之后，蘑菇就可以在漫长的冬季里保
持新鲜和美味啦。

我们的嗅觉在春天会更灵敏。

真

由于春天的空气更加湿润，所以我们的嗅觉会更为灵敏。

雨水的成分100%都是水。

假

雨水里还有大气里的溶解气体以及尘埃颗粒。

驯鹿的眼睛在冬天会变色。

真

在北极，夏天的时候，驯鹿的眼睛是金棕色的；而到了昼短夜长的冬天，它们的眼睛会变成深蓝色。

火星上也会下雪。

真

即便是在遥远的火星上，大气层中也曾探测到雪。不过火星上的雪落到地上之前就蒸发了。完了，没法在火星上堆雪人啦。

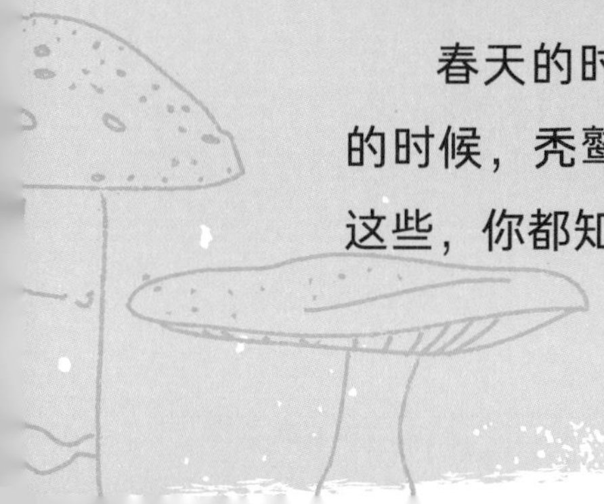

真真假假

春天的时候，枫糖浆更甜。在西伯利亚，呼出的气会结冰。夏天的时候，秃鹫会在腿上便便以保持凉爽——简直是臭臭的防晒霜呀！这些，你都知道吗？

天气与心情

天气能够直接影响到我们的感受。温暖的阳光可以让我们更开心，而寒冷阴暗的冬天则会使我们感到疲惫和低落。即便是气压的变化，比如风暴之前的气压变化，都有可能引起头痛！

冬季的忧伤

有些人在冬天会感到非常忧郁，这是由于日光变少，从而对大脑内的两种化学物质造成了影响，它们分别是褪黑素和血清素。这种忧伤的状态被称为季节性情感障碍（Seasonal Affective Disorder/SAD）。

绝妙的平衡

周遭环境越暗，大脑就会产生越多褪黑素。冬天，我们大脑内的褪黑素含量更高，所以我们会昏昏欲睡、疲乏无力。而到了夏天，血清素的含量则会更高，所以我们会感到怡然自得、身心欢畅。不过，血清素过多的话，也会导致焦虑哦！

灯箱

光的疗法

为帮助解决季节性情感障碍，人们会使用特殊的灯箱来模拟阳光。这种灯箱能够刺激血清素的生成，从而让我们感到快乐，重拾活力。

实用小贴士

想要全年都保持快乐、健康和活力，那么不妨试试以下这些小贴士！

规律的运动

每天运动一会儿——如果能在户外就更好啦！出去散散步或者和朋友一起打打球吧！

健康的饮食

想要保持愉悦的心情，美味健康的食物必不可少，也要记得多喝水！

朋友的陪伴

多跟朋友们在一起吧！和好朋友一起笑一笑对我们的心情和能量都大有助益。

享受每个季节

做自己最喜欢做的事情，和亲朋好友一起规划如何享受每个季节吧！

记得涂防晒霜！

当你在户外享受阳光的时候，可不要忘记涂防晒霜呀——记得保护好自己的小脸蛋哦！

高处不胜寒

高海拔地区的儿童更容易患上季节性情感障碍，这是因为海拔越高的地方季节性变化越极端。

小测试
你最喜欢哪个季节呢？

1. 你最喜欢穿什么样的鞋子？
a. 板鞋
b. 人字拖
c. 皮鞋
d. 靴子

2. 你更喜欢哪个颜色？
a. 绿色
b. 黄色
c. 橘色
d. 蓝色

3. 天寒地冻的时候，你会……
a. 伴着热可可的香气，在温暖的火堆边坐下。
b. 立刻前往巴巴多斯度假！
c. 在出门之前，把自己裹得严严实实。
d. 穿上雪地靴，出门玩耍！

4. 暑热难耐的时候，你会……
a. 戴上帽子，在阴凉的地方乘凉。
b. 像蜥蜴一样趴在滚烫的岩石上。
c. 呼……躲在黑暗的房间里乘凉。
d. 天呐，快给我来点冰块！

5. 你最享受哪个季节？
a. 春天
b. 夏天
c. 秋天
d. 冬天

测试结果：
A选项更多　　春天万岁！
B选项更多　　夏天是你的本命。
C选项更多　　秋天是你的全世界。
D选项更多　　你真的超爱冬天。

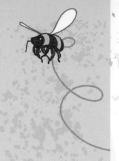

春季
活动推荐

探索大自然

去公园里散散步，带上笔记本，记下你所看到的动植物吧！

制作"种子炸弹"

准备好1杯种子、5杯混合肥料以及3杯黏土粉。加上适量的水，慢慢地用手把它们混合到一起。再把混合物搓成球状。把搓好的"种子炸弹"放在阳光下晒干，之后再种到土里，就可以观察它们的生长啦！

喷出一道彩虹

晴天的时候，背对着太阳站好，拿着橡胶水管，往半空中喷水吧，水雾会在阳光下形成彩虹哦！

夏季
活动推荐

编织雏菊手链

首先，在紧挨着雏菊花朵的花茎上划出一个小口子，再将另一朵雏菊的花茎穿过这个小口子，不断重复，直到达到手链的长度为止。

板栗树

枫树

栎

山毛榉树

辨别叶子和树木

快去看看你能不能认出各式各样的叶子吧！

寻找小虫子

岩石和树干下阴暗潮湿的角落都是寻找小虫子的好去处哦！

秋季
活动推荐

发现小蘑菇

秋天是寻找蘑菇的最佳时节，因为在这个季节，孢子开始在潮湿的环境里生长。快去落叶下面和树桩底部找一找吧，不过千万不能乱吃蘑菇哦！

计算树木的年龄

在距地面1米左右测量出树干有多粗，再除以2.5，就可以得出树木的年龄啦！测量的时候，你也可以给大树一个温暖的拥抱呀！

制作苹果印章

去找成年人帮忙把苹果切成两块，越平整越好。在纸盘子里放上颜料，把苹果蘸上颜料，再印在纸上。你也可以在叶子上涂上颜料，用它们印出其他酷炫的图案！

冬季
活动推荐

追踪雪地里的小脚印

让我们一起争当动物足迹追踪大侦探吧！每当户外变得泥泞或者被积雪覆盖的时候，就是追踪动物足迹的最佳时机。猜猜到底是谁来过这里呢？

玩不动了？

如果天气太寒冷潮湿、无法在户外玩耍的话，我们也可以窝在家里，和亲朋好友一起玩桌游、喝热巧克力呀！

创造雪天使

下雪了——耶！快去找一块美美的、厚厚的、白白的雪地躺下，笔直伸展双臂，上下滑动双臂和双腿，再小心翼翼地站起来，你就能看到自己创造的雪天使啦！

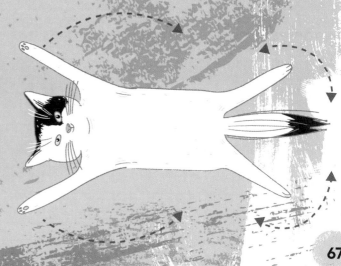

术语表

小行星
绕太阳公转的小型岩体

天文季节
取决于地球绕太阳公转时所处的位置

大气层
覆盖着地球的气体

地轴
地球自转所围绕的无形的轴线

气候
某个地区特定的天气状况

气候变化
由于自然或人为原因导致的全球气温、天气的变化

星座
夜空中某些星星的组合

沙漠
年降雨量极低的地区

尘卷风
一种卷起尘埃的小型旋风

分点
一年出现两次，当天的昼夜等长

赤道
环绕地球表面且与南北极距离相等的假想的圆周线

引力牵动
某个星球或天体的引力将其他物体向自身方向牵动的过程

半球
地球的上/下半部分

喷射气流
围绕地球的强劲气流

侏罗纪
中生代第二纪，距今约2至1.45亿年

磁场
地球磁体附近的区域

褪黑素
一种调节睡眠的化学物质

气象季节
依据天气划分，通常包括春季、夏季、秋季和冬季

气象学
研究天气的学科

英国气象局
英国国家气象机构

雨季
热带暴雨

椋鸟群
成群飞行的椋鸟

光合作用
植物将阳光转化为能量的过程

极地
地球的顶端和底端

传粉
花朵之间花粉传播的过程，通常借由昆虫完成

原始地球
处于早期发展阶段的地球

稀树草原
炎热地区的草原

血清素
一种稳定情绪的化学物质

太阳风
由太阳发射的带电粒子流

至点
当天的白昼时间全年最长/最短

平流层
地球大气层第二层，也是飞机的飞行层

地壳板块
地壳的构造板块，彼此之间非常缓慢地相互靠近或远离

忒伊亚
科学家认为45亿年前撞击地球的行星

热带风暴
热带海洋上空形成的伴随强风的剧烈风暴

天气预报
特定时间和地点的大气、天气状态预测

索引

2004-2019

咪咪

（热爱冬天）

维基·伍德盖特

2004-2021

摩卡

（喜欢春天）

作者简介

作绘者维基·伍德盖特钟爱夏天，与两只猫——摩卡（Moka）和咪咪（Mimi）相处多年。对她来说，猫既是她的陪伴，也是非常重要的人生向导，同时还是这本神奇的书中季节向导咪咪的灵感来源。维基从未停止写作和画画，如今，她和热爱秋天的丈夫一起居住在狂风呼啸的英国南部海岸。同他们一起生活的还有一只叫做"伯特"的小刺猬，那是他们最近在花园里发现的！

谨以此书献给

我最亲爱的李，史蒂夫，丹和卡莉。　　　　由衷感谢费伊，戴安和桑尼。你们是最棒的团队！

你在这本书中发现了多少只猫呢？

DK出版社在此特别鸣谢以下人员：
感谢苏茜·瑞伊的审校和索引；感谢里图拉吉·辛格的图片搜索；感谢约翰·法恩登的咨询提供。

DK出版社在此特别鸣谢以下机构提供图片使用授权：

（图片位置关键词：a-上部；b-下部/底部；c-中间；f-边缘；l-左部；r-右部；t-顶部）

1 Dreamstime.com: Andrei Tarchyshnik (c). 10 Dorling Kindersley: Malcolm Parchment (br). 12 Dreamstime.com: Luciano Mortula (bc). 16 Dreamstime.com: Pius Lee (br). 20 Dreamstime.com: Niek (tl). 21 Alamy Stock Photo: agefotostock / Leonardo Diaz Romero (tr). 22 Alamy Stock Photo: Janetta Scanlan (ca). Dreamstime.com: Andrei Tarchyshnik (b). Getty Images / iStock: Ksenia_Pelevina (tr). 23 Dreamstime.com: Pictureguy66 (br). NOAA: (cb). Science Photo Library: David A. Hardy (cra). 24 Getty Images / iStock: DigitalVision Vectors / Nastasic (cla). 24-25 Dreamstime.com: Littlepaw (cb). 27 Getty Images: Moment / Nukorn Plainpan (b). 28 Depositphotos Inc: stockimagefactory.com (bl). Getty Images / iStock: Onfokus (tr). 29 used with permission from https://IntiRaymiPeru.com: (cra). 30 Getty Images / iStock: Onfokus (t). 34 Alamy Stock Photo: Antiqueimages (b). 35 Dreamstime.com: Artur Balytskyi (l). 62 Alamy Stock Photo: blickwinkel / Poelking (tr). Dreamstime.com: Stanislav Duben (bl). 63 Dreamstime.com: Paop (cr). 66 123RF.com: Christian Mueringer (cr). Dreamstime.com: Daniil Kirillov (fcr); Ksushsh (c); Andrei Tarchyshnik (bl).

其他图片版权所属英国DK出版社
更多信息请见：www.dkimages.com